PLANETA ANIMAL

LOS OCELOTES

POR MARI BOLTE

CREATIVE EDUCATION • CREATIVE PAPERBACKS

Publicado por Creative Education y Creative Paperbacks
P.O. Box 227, Mankato, Minnesota 56002
Creative Education y Creative Paperbacks
son marcas editoriales de The Creative Company
www.thecreativecompany.us

Diseño de The Design Lab
Dirección de arte de Graham Morgan
Editado de Jill Kalz

Fotografías de flickr/Biodiversity Heritage Library, 7, 8; Getty Images/Alejandro Miranda / 500px, 10, diegograndi, 14, eli77, 9, Joe McDonald, 18, Leonardo Prest Mercon Ro, 21, Matteo Bruni, 13; Shutterstock/Saad315, portada, 1; Unsplash/Daley van de Sande, 6; Wikimedia Commons/Ana_Cotta, 17, Lewis Clarke, 5, Mark Dumon, 16, Tony Hisgett, 2, desconocido, 22-23

Library of Congress Cataloging-in-Publication Data
Names: Bolte, Mari, author.
Title: Los ocelotes / by Mari Bolte.
Other titles: Ocelots. Spanish
Description: Mankato, Minnesota : Creative Education and Creative Paperbacks, [2025] | Series: Planeta animal | Includes bibliographical references and index. | Audience: Ages 6–9 | Audience: Grades 2–3 | Summary: "Discover the master-of-camouflage ocelot in this North American Spanish translation! Explore the wild cat's anatomy, diet, habitat, and life cycle. Captions, on-page definitions, an Aztec animal story, and an index support elementary-aged kids"—Provided by publisher.
Identifiers: LCCN 2024018541 (print) | LCCN 2024018542 (ebook) | ISBN 9798889895572 (library binding) | ISBN 9781682777428 (paperback) | ISBN 9798889895671 (ebook)
Subjects: LCSH: Ocelot—Juvenile literature.
Classification: LCC QL737.C23 B646318 2025 (print) | LCC QL737.C23 (ebook) | DDC 599.75/2—dc23/eng/20240523

Impreso en China

Índice

Ocelotes son pequeños felinos salvajes de pelaje moteado. Viven principalmente en los bosques de América Central y del Sur. Pesan unos 30 libras (14 kilogramos). Sin incluir la cola, pueden llegar a medir 3 pies (0,9 metros) de largo.

Un ocelote siente los cambios de su entorno a través de los largos bigotes de su cara.

El pelaje dorado de los ocelotes está cubierto de manchas bicolores llamadas rosetas. Su vientre es blanquecino. Sus pequeñas orejas redondas son negras con una mancha blanca en el centro. Sus grandes ojos redondos les ayudan a ver en la oscuridad.

Las orejas redondeadas ayudan a los ocelotes a oír los sonidos que tienen delante.

La cola de un ocelote puede medir hasta 18 pulgadas (46 centímetros).

La mayoría de los ocelotes de viven en lugares cálidos y húmedos. Necesitan plantas frondosas y arbustos en los que esconderse. Su pelaje moteado es un buen **camuflaje**. Durante el día, los ocelotes duermen en los árboles o en madrigueras. Por la noche, cazan para comida.

camuflaje la capacidad de mimetizarse con el entorno

Los ocelotes se arrastran, saltan, nadan y trepan a los árboles para conseguir comida. Usualmente comen ratones y ratas. También comen peces, lagartos y pájaros. Los venados jóvenes y los cerdos pequeños llamados pecaríes también pueden formar parte de la dieta de un ocelote.

Los ocelotes son carnívoros que cazan sobre todo de noche.

La orina de ocelote es de base oleosa. No se lava cuando llueve.

Los ocelotes usualmente viven solos. Proteger su territorio es importante. Los machos lo marcan con orina y **heces**. El olor indica a otros machos que se mantengan alejados. El **territorio** de un macho puede solapar el espacio de cuatro o cinco hembras.

heces desechos corporales

territorio superficie de tierra reclamada por un animal

Los ocelotes se reproducen durante todo el año. Las hembras dan a luz hasta tres gatitos a la vez. Cada gatito pesa alrededor de 0,5 libras (227 gramos). Los gatitos nacen con manchas, pero su pelaje es gris, no dorado.

Una madre ocelote traslada a su gatito llevándolo en la boca.

Los ojos de un gatito ocelote están cerrados durante las dos primeras semanas. A las tres semanas, los gatitos empiezan a andar y a jugar. Su madre les enseña a cazar y a comer carne.

En estado salvaje, los ocelotes suelen vivir unos 12 años.

Las vallas fronterizas dividen los territorios de los ocelotes, lo que dificulta que los animales encuentren pareja.

Los ocelotes se enfrentan al peligro de otros animales. Los cazan jaguares, perros salvajes y jabalíes. Las personas también son peligrosas. Convierten los **hábitats** de los ocelotes en granjas y carreteras. Esto deja a los felinos sin un lugar donde vivir.

hábitats los hogares o entornos naturales de una planta o animal

La piel moteada del ocelote fue muy demandada en el pasado para abrigos de moda.

Los ocelotes vivían antaño en gran número en Estados Unidos. Hoy en día, sólo viven unos 100 en libertad. Los zoológicos están criando ocelotes **cautivos** y salvajes. Planean liberar a los gatitos en la naturaleza y aumentar otra vez el número de ocelotes.

cautivo mantenido por humanos

Un cuento de ocelotes

Los guerreros

aztecas más temibles se llamaban guerreros ocelote. Vestían pieles de ocelote o jaguar, incluida la cabeza. Adoraban al dios Tezcatlipoca. Su nombre significa "espejo humeante". El dios podía transformarse en un gato moteado. También llevaba un espejo hecho de una piedra negra llamada obsidiana. En su honor, los guerreros ocelote fabricaban sus armas con esa piedra.

Índice